PUBLICAT DES ARCHIVES GÉNÉRALES D'HYDROLOGIE

ÉLECTRICITÉ

ET

BAINS SALINS

PAR

Le Docteur ELEVY

Médecin à Biarritz

PARIS

SOCIÉTÉ D'ÉDITIONS SCIENTIFIQUES

4, RUE ANTOINE-DUBOIS, 4

1896

PUBLICATIONS DES ARCHIVES GÉNÉRALES D'HYDROLOGIE

ÉLECTRICITÉ

ET

BAINS SALINS

PAR

Le Docteur ELEVY

Médecin à Biarritz

PARIS

SOCIÉTÉ D'ÉDITIONS SCIENTIFIQUES

4, RUE ANTOINE-DUBOIS, 4

—

1890

TRAVAUX DU Dr ELEVY

1° **Du cœur forcé ou asystolie sans lésions valvulaires.** (Paris, Berger-Levrault, 1875.) (Mention honorable de M. le Ministre de l'Instruction publique.)

2° **Observation de luxation verticale interne de la rotule par contraction musculaire.** (*Revue médicale de l'Est*, 15 juillet 1877.)

3° **Un cas de paralysie pseudo-hypertrophique ou myo-scléroslque.** (Ibidem, 1878.)

4° **Compte rendu des travaux de la Société de Médecine de Nancy pendant l'année 1877-78.**

5° **Note histologique sur une tumeur du rein.** (Ibid., 1878.)

6° **Sur les polypes de l'oreille.** (Ibid., 1880, 15 juillet.)

7° **Catarrhe purulent de l'oreille moyenne; polype, ablation à l'aide du polypotome de Wilde (guérison).** (1er mai 1881, Ibid.)

8° **Deux cas de maladie bronzée.** (15 avril 1881.)

9° **Observation d'aphasie (perte de la parole) datant de trois mois, guérie subitement par le passage d'un courant faradique.** (15 juillet 1881, *Revue médicale de l'Est*.)

10° **Note sur un nouveau spéculum**, de l'auteur (15 novembre 1881), présenté à l'Académie de médecine de Paris par le professeur Fournier. (Séance du 24 mai 1881.)

11° **Un cas de guérison de la phtisie par la créosote.** (Ibid., 1er septembre 1884.)

12° **Des hémorrhagies dues à l'insertion vicieuse du placenta avant les trois derniers mois de grossesse.** (1er mars 1885, *Revue médicale de l'Est*.)

13° **Des végétations adénoïdes de la cavité pharyngo-nasale.** 1er janvier 1887, Ibid.)

14° **Un cas de rétrécissement congénital du larynx** (en collaboration avec le Dr Etienne). (1er août 1887, Ibid.)

15° **Lettre sur la cause de l'épidémie de fièvre typhoïde de Nancy.** (*Progrès de l'Est*, 1882.)

16° **Du climat marin, Biarritz-bains de mer et ville d'hiver.** (Paris, 1891.)

17° **Du climat hivernal de Biarritz.** (Congrès de l'Association française pour l'avancement des sciences à Pau.)

18° **Recherches sur les phénomènes électriques des bains en général, et en particulier des bains d'eau chlorurée sodique de Briscous-Biarritz.** (Paris, 1895.) (Récompensé par l'Académie de Médecine de Paris.)

ÉLECTRICITÉ & BAINS SALINS

PAR

Le docteur ELEVY

Médecin à Biarritz.

Mon travail de l'an dernier, intitulé : « *Recherches sur les phénomènes électriques des bains, en général, et en particulier des bains d'eau chlorurée sodique de Briscous-Biarritz* » (1) se termine par ces mots : « Je serai satisfait, si ce travail provoque des expériences de contrôle de la part de quelque physiologiste plus compétent. » En attendant que ce sujet suscite de nouvelles recherches, je l'ai repris moi-même, encouragé d'une part par la médaille de bronze, que l'Académie de médecine de Paris m'a décernée, et poussé d'autre part par le désir d'élucider ce problème. C'est la raison d'être de cette nouvelle publication.

J'ai complété et perfectionné mon outillage instrumental; je me suis servi cette fois d'un galvanomètre apériodique de Chardin, n° 327, qui permet une lecture plus rapide en supprimant les oscillations de l'aiguille. J'ai ajouté dans le circuit une boîte de résistance modèle Chardin qui me permet de mesurer des résistances de un à 20,000 ohms. Les mesures d'intensité diffèrent un peu de celles que j'ai faites l'année dernière, avec un autre galvanomèt e d'une résistance différente. La résistance de mon galvanomètre actuel est de 47 ohms. — J'ai donc ajouté des données nouvelles sur la résistance des sujets plongés dans les bains salins aux divers degrés de concentration. Avec ces deux mesures de l'intensité et de la résistance, j'ai pu calculer, par des formules connues, les autres particularités de ces courants.

J'ignore si quelques observateurs ont répété ailleurs mes premières expériences ; je sais seulement qu'à Biarritz, mon excellent confrère et ami, de Lostalot Bachoué, en a répété

(1) *Archives générales d'Hydrologie*, juin 1895, p. 205, 245.

quelques-unes avec succès (1) et qu'il s'est empressé d'édifier une théorie électro-chimique de l'action des bains salins, théorie un peu hâtive que pourront fixer seuls les faits nouveaux et les éléments que je vais apporter à cette question (2).

Ce travail n'est donc que la suite de ma première brochure et je suppose connus l'historique et les principales conclusions qu'elle renferme.

Technique expérimentale

Mes nouvelles expériences ont été faites encore à l'établissement des Thermes Salins de Biarritz.

Les robinets des tuyaux de canalisation ont été recouverts cette année d'une couche de vernis isolant pour empêcher leur oxydation ; ils ne deviennent conducteurs que si l'on use légèrement en le grattant leur partie supérieure pour enlever la peinture. Les baignoires en fonte émaillée sont recouvertes d'une nouvelle couche de vernis à l'émail, de sorte qu'elles sont parfaitement isolantes, comme je m'en suis assuré.

Mon galvanomètre est divisé en 10 milliampères ou plutôt en 100 dixièmes de milliampère, c'est-à-dire que chaque milliampère comporte dix divisions, assez larges pour qu'on puisse apprécier même un vingtième de milliampère. A l'aide de deux schunts, je puis mesurer avec cet instrument jusqu'à 200 milliampères. L'aiguille va de gauche à droite ; à gauche est la borne positive, à droite la borne négative. — Pour la prise du courant, je me suis servi encore de plaques de charbon minces de 8/4 centimètres de dimension. Connaissant déjà la direction des courants des bains j'ai pris mes nouvelles mensurations en disposant les appareils de la façon suivante.

(1) Indications et contre-indications des eaux chlorurées sodiques bromo-iodurées de Biarritz, 1895.

(2) Le professeur Garrigou, de Toulouse, dans une communication orale m'a autorisé à dire que dans son cours de cette année il a refait une partie de mes expériences sur les baignoires métalliques et qu'il a constaté les mêmes phénomènes électriques que j'ai signalés, et qu'il en a conclu que la nature des baignoires avait une importance prépondérante dans l'administration des bains d'eau minérale.

Schéma de l'expérience. — Le sujet étant dans le bain salin, je fixe une plaque électrode de charbon sur un robinet quelconque de la canalisation ; cette plaque est reliée par un fil conducteur bien isolé à la borne négative du galvanomètre. Un autre fil relie la borne positive du galvanomètre à l'une des bornes de la boite de résistance, dont l'autre borne est reliée par un troisième fil à l'autre plaque de charbon.

Quand cette dernière plaque plonge dans l'eau du bain qui est chargée d'électricité positive, l'autre étant sur le robinet, l'aiguille du galvanomètre dévie et marque son intensité, par exemple 3 milliampères. Ensuite je donne dans la main du sujet sortie de l'eau cette plaque positive en laissant toujours l'autre sur le robinet. Le galvanomètre aussitôt marque une intensité différente et nécessairement moindre à cause de la grande résistance du sujet que le courant est forcé de traverser. Je note cette nouvelle intensité par exemple 1 milliampère. Pour employer alors la méthode de substitution, afin de mesurer cette résistance, je replonge la plaque de charbon positive dans l'eau et je dévisse quelques écrous de la boite de résistance jusqu'à ce que l'aiguille marque de nouveau 1 m. a.. En additionnant ensuite les chiffres marqués des écrous dévissés par exemple, 200 plus 200 = 400, je constate que la résistance électrique du sujet est de 400 ohms. (Mes instruments sont placés sur une chaise à côté du bain.) Je mesure donc ainsi la résistance de toute la surface du corps, la tête exceptée. Avec cette méthode, le sujet lui-même constitue en quelque sorte l'électrode positive.

Je dirai de suite que ces expériences sont inoffensives, que le sujet ne sent **absolument** rien, et suit même avec intérêt les déviations de l'aiguille. A l'aide de cette méthode, j'ai étudié à nouveau l'intensité des courants qui traversent le baigneur, ainsi que la résistance qu'il leur oppose. Cette étude me permettra aussi d'établir des rapprochements entre l'action des bains salins et les pratiques électrothérapiques. Mais avant d'entrer dans le détail des observations, je désire m'expliquer sur la question de l'origine des courants observés dans l'établissement des bains salins de Biarritz.

Origine des courants électriques des bains Salins

Dans les expériences consignées dans mon dernier travail je me suis contenté de signaler ces courants sans insister sur leur origine ; j'avais pensé, toutefois, que la cause du courant était le contact de l'eau salée avec les conduits métalliques de canalisation, et de l'action chimique qui en résulte. Quant aux différences d'intensité observées dans les bains plus ou moins concentrés, on pouvait les attribuer aux variations de leur conductibilité. Pour élucider cette question préalable, j'ai fait les expériences suivantes.

Dans un bain entier saturé à 24 de densité, sans baigneur, j'ai mis en communication avec mon galvanomètre une plaque-électrode en charbon et un autre électrode en métal. La baignoire est isolante. Je réalise ainsi une pile dont le liquide excitateur est l'eau salée. En changeant successivement la nature du métal, voici les résultats que j'ai obtenus :

Avec une plaque de zinc la déviation brusque est de 50 milliamperes et l'aiguille se fixe à 30 m. a.

Avec un électrode en fer, déviation = 40 m. a., fixation = 20 m. a.

Avec un électrode en plomb, déviation = 40 m. a., fixation = 20 m. a.

Avec un électrode en cuivre déviation = 20 m. a., fixation = 10 m. a.

Ces courants sont donc beaucoup plus intenses que ceux que j'ai notés dans mes observations.

Je crois plutôt que ces derniers courants sont les courants propres des eaux un peu renforcés par leur parcours souterrain. J'ai déjà démontré la présence de ces courants. Le docteur Allot les a trouvés dans les eaux de Néris, Guyenot dans les eaux d'Aix, beaucoup plus faibles il est vrai, en raison du peu de minéralisation de ces eaux. La découverte du professeur Bouchard de la présence dans les eaux de Cauterets, de l'argon, fait présager que l'azote électrisé doit exister dans un grand nombre d'eaux minérales. Quant à l'ozone, il existe certainement dans l'eau minérale de Biarritz, comme j'ai pu m'en convaincre à l'aide du papier ozonoscopique, qui, après 24 heures d'exposition dans une cabine, est fortement coloré. Ces gaz sont une preuve de plus des propriétés électriques des eaux minérales. Or, en mettant un électrode sur le robinet d'une canalisation, l'autre étant plongé dans le bain, je fais communiquer le courant avec la terre. Ce procédé est d'ailleurs d'un usage habituel dans les laboratoires et l'industrie pour mesurer la différence de potentiel d'un corps avec celui de la terre pris pour unité. D'une façon constante le bain et le baigneur sont au pôle positif et la chute de potentiel se fait donc dans le circuit *extérieur* de l'eau minérale du bain vers la terre.

On peut objecter qu'en reliant, par les fils et le galvanomètre, la canalisation avec l'eau minérale, je crée un circuit artificiel qui n'existe pas dans la réalité, dans les conditions ordinaires où le malade se baigne, et que c'est en somme mon intervention et mon appareil qui permettent au courant de s'établir. Il n'est pas moins vrai que le bain salin constitue un milieu à potentiel plus élevé et que le sujet qui y est plongé tend à se mettre un équilibre électrique avec ce milieu; il se trouve dans le cas d'une électrisation unipolaire positive, et le courant pourrait se fermer en cheminant en sens inverse par les tuyaux d'évacuation. La charge électrique est d'ailleurs, comme je l'ai démontré, d'autant plus forte que le bain est plus concentré. Cette électricité positive se répand dans le corps du baigneur proportionellement à la résistance qu'il lui oppose. En mesurant cette résistance considérable, j'ai négligé de tenir compte des autres résistances assez faibles, comme celle du galvanomètre lui-même.

OBSERVATIONS CLINIQUES

Observation I. — M. L..., âgé de 21 ans, de bonne constitution, se soumet à une série de bains salins. Il souffre quelquefois de douleurs articulaires dans les pieds.

Premier bain : Température 34°, densité 0°, bain au quart; il prend son bain tous les soirs à cinq heures.

Une électrode de charbon étant au robinet, l'autre dans le bain, je les mets en communication avec mon galvanomètre et le rhéostat. L'aiguille dévie brusquement à 4 milliampères pour se fixer peu à peu à 2 m. a., 5. Laissant un électrode au robinet qui est négatif je place l'électrode positive dans la main du sujet sortie de l'eau ; l'aiguille se fixe alors à 0 m. a., 8, soit 8/10 de milliamp. Mesurant alors la résistance par substitution, je constate que la résistance est de 500 ohms. — J'ajoute alors au bain 10 litres d'eaux-mères, et je note que la résistance a augmenté et qu'elle est de 700 ohms.

2° *Bain de moitié*, même température, je répète la même expérience, l'aiguille dévie brusquement à 4 m. a. et se fixe à 2 m. a. Une électrode étant à la main, l'aiguille se fixe à 0 m. a., 7, la résistance est de 400 ohms. En ajoutant 10 litres d'eaux-mères la résistance ne varie pas.

3° *Bain aux trois quarts* : je refais la même expérience, l'aiguille va à 4 m. a. et se fixe à 2 m. a., une électrode étant à la main : fixation = 0 m. a., 7, la résistance est de 400 ohms ; en ajoutant dix litres d'eaux-mères, la résistance va à 500 ohms.

4° *Bain entier* 24° de densité : je répète la même expérience, une électrode au robinet et l'autre au bain ; la déviation est de 5 m. a., fixation à 3 m. a. Un pôle étant à la main sortie de l'eau, la déviation se fixe à 0 m. a., 8 ; la résistance, d'abord de 400 ohms, croît à 500 ohms ; en ajoutant 20 litres d'eaux-mères, la résistance reste à 400 ohms.

2ᵉ Observation. — Monsieur W..., de Paris, âgé de trente ans, un peu pâle, mais assez musclé est atteint de gastralgie. C'est un arthritique qui a eu autrefois des coliques néphrétiques.

La dyspepsie paraît être de nature hyperchlorhydrique, car il éprouvait ses douleurs trois ou quatre heures après le repas, et il les calmait parfois par l'ingestion d'aliments légers. Il présentait une douleur à la pression de l'épigastre. Il était venu à Biarritz pour se reposer et prendre quelques douches, mais il ne put les supporter. Je lui prescrivis un traitement par les bains salins, d'abord au quart, puis des bains de moitié, sans dépasser cette dose ; il partit après son quinzième bain, se sentant très amélioré et ne souffrant plus

A son sixième bain je fais l'expérience suivante :

Bain au quart : Un pôle étant au robinet et l'autre dans le bain : déviation = 4 m. a., puis fixation à 2 m. a.

Un pôle à la main sortie de l'eau, déviation 0 m. a., 6, fixation 0 m. a., 5. La résistance, d'abord à 500 ohms, va à 400 ohms à la fin du bain.

Ce malade a éprouvé, après le premier bain, le sentiment d'un accroissement remarquable de forces.

3ᵉ Observation. — Madame de X..... est atteinte d'un fibrome utérin assez volumineux, sans hémorrhagies, sans complications ; elle éprouve seulement quelques douleurs au moment des règles, et des retards; elle est âgée de quarante ans.

Comme elle est un peu nerveuse, je lui fais suivre sa cure de bains salins, en prenant successivement 28 bains dans une baignoire de bois. Elle a fait une interruption de quelques jours, après son 14ᵉ bain, et supporte très bien des bains de 20 minutes de durée ; si, par hasard, cette durée est dépassée, elle dort moins bien la nuit suivante et se trouve mal à l'aise dans la journée. Après les trois premiers bains déjà cette dame a eu la conscience d'un accroissement de forces et son appétit s'est beaucoup amélioré. A son douzième bain, quand elle commence à prendre le bain entier, je fais la même expérience que précédemment. Un pôle étant au robinet et l'autre au bain, la déviation galvanométrique va à 2 m. a. et se fixe à 1 m. a., 5. Un pôle étant dans la main la déviation se fixe à 0 m. a., 7. La résistance est de 400 ohms. La malade s'est très bien trouvée de son traitement.

4ᵉ Observation. — Mademoiselle M...., de Paris, âgée de 19 ans, est un peu anémique et profite de son séjour à Biarritz, pour prendre des bains salins. Elle prend d'abord 4 bains au quart, quelques bains de moitié et de trois quarts. Elle supporte aussi très bien les bains de 20 minutes, mais au delà, elle éprouve des lourdeurs de tête. Dans les premiers jours du traitement, elle a ressenti, le soir après son dîner, des sortes de fringales qu'elle appelle des crises de faim, qui disparaissent au bout de quelques minutes. La résistance électrique, calculée par la même méthode, est de 500 ohms.

6ᵉ Observation. — Enfant âgé de neuf ans, est atteint depuis six moins d'un mal de Pott. Une saillie considérable existe dans la région dorsale, mais l'enfant a bonne mine et l'état général est bon ; il éprouve seulement quelques douleurs dans le dos et les côtes ; pas de paraplégie, ni d'abcès par congestion.

Premier bain. — Baignoire en fonte émaillée. Bain d'eau douce. — Un pôle étant au robinet et l'autre dans l'eau, la déviation est de 1 m. a. Un pôle étant dans la main sortie de l'eau, pas de déviation.

J'ajoute 40 litres d'eau saline minérale ; la densité est de 4°. — Un pôle étant au robinet, et l'autre dans l'eau, la déviation va à 4 m. a. et se fixe à 2 m. a. — Un pôle étant dans la main sortie de l'eau, la déviation est de 0 m. a., 6.

Deuxième bain. — Je donne aujourd'hui un bain d'eau douce, auquel j'ajoute 40 litres d'eaux-mères. — Un pôle étant au robinet et l'autre dans l'eau, l'aiguille va à 4 m. a., 5. — Un pôle étant à la main, la déviation va à 0 m. a., 7, la densité du bain est de 5°, la résistance est de 1000 ohms.

Troisième bain. — Bain salin de moitié (12°). Un pôle au robinet et l'autre dans l'eau, déviation 3 m. a., qui diminue peu à peu jusqu'à 2 m. a. Un pôle étant dans la main, la déviation est d'abord 1 m. a., puis diminue lentement jusqu'à 0,6 et s'y fixe.

La résistance augmente à mesure que l'intensité diminue. D'abord, de 500 ohms, elle arrive à la fin du bain à 1000 ohms.

Bain entier. — Quelques jours après je donne un bain entier (24°). Un pôle étant au robinet et l'autre dans l'eau, la déviation va à 6 m. a. et se fixe à 3 m. a. Un pôle étant dans la main, la déviation est d'abord de 1 m. a. et se fixe un instant à 0 m. a., 9 ; la résistance est en ce moment de 500 ohms. Vers la fin du bain l'intensité est à 0 m. a., 6 et la résistance revient à 1000 ohms.

7ᵉ Observation. — Rhumatisme noueux. — Madame D..., de Biarritz âgée de 60 ans, est atteinte d'un rhumatisme noueux. Déformation considérable des extrémités avec atrophie musculaire, douleurs vives, surtout la nuit. La marche est difficile à cause d'une localisation coxo-fémorale, l'appétit est conservé ; malgré cela, état voisin de la cachexie. J'avais soigné cette malade il y a sept ans, pour un rhumatisme articulaire aigu grave qui s'était compliqué d'une myélite caractérisée par de la paraplégie et paralysie vésicale. Le salicylate de soude et quelques vésicatoires dans la région lombaire ont eu raison des accidents médullaires, mais les phénomènes douloureux articulaires ont continué depuis d'une façon insidieuse, jusqu'à produire les déformations actuelles. La malade ne pouvant se déplacer facilement, je lui propose un traitement par les bains salés artificiels à domicile. Je lui donne cinq ou six bains à un jour d'intervalle. Les trois premiers bains ont produit un peu de calme et de sommeil, puis après est survenu un état d'excitation nerveuse, qui me les a fait supprimer. Actuellement, je continue le traitement par la faradisation des masses musculaires, pour arrêter le mouvement atrophique.

Je donne les bains dans une vieille baignoire en zinc dont on chauffe l'eau avec une sorte de chauffoir, qu'on retire lorsque l'eau atteint 35°.

Premier bain. — Bain d'eau douce. — Mes deux électrodes de charbon étant placées, l'une sur le rebord sec de la baignoire, l'autre plongée dans l'eau, sont mises en communication, avec mon galvanomètre et ma boite de résistance. Déjà le galvanomètre dans cette eau douce marque une intensité de 3 m. a. L'électrode qui était dans l'eau étant donnée à la main du sujet sortie de l'eau la déviation est de 0 m. a., 1. — Je verse alors dans le bain, cinq kilog. de sel fin de cuisine.

L'électrode négative restant toujours sur le rebord sec de la baignoire, l'autre étant trempée dans le bain, le galvanomètre marque une intensité de 50 m. a. Cette électrode positive de l'eau étant donnée à la main du sujet, la déviation n'est plus que 0 m. a., 5. La résistance du sujet mesurée par substitution est de 1.100 ohms.

Deuxième bain. — Dans la même eau salée qu'on réchauffe à nouveau, je donne un deuxième bain, auquel j'ajoute une bouteille d'eaux-mères de Briscous. Un pôle étant dans l'eau la déviation est de 40 m. a. Un pôle à la main : déviation = 0 m. a., 5, résistance = 1.000 ohms.

Troisième bain. — Même eau à laquelle j'ajoute cinq

kilogs de sel; elle contient donc maintenant dix kilogs de sel, et une bouteille d'eaux-mères. Le pôle positif étant dans l'eau, la déviation est de 50 m. a. ; ce pôle étant dans la main du sujet, la déviation est de 0 m. a., 7, résistance 1000 ohms.

Nous avons continué un certain nombre de bains sans mesurer les intensités.

RÉFLEXIONS

Cette observation démontre le fait que nous avons déjà constaté dans notre précédent travail, qu'un bain d'eau douce, dans une baignoire métallique, est une source d'électricité due à l'oxydation de la baignoire. J'ajoute que dans les conditions ordinaires d'un bain, et sans mettre la baignoire en communication par un fil extérieur traversant ou non un galvanomètre, le courant électrique peut s'établir entre l'eau et la baignoire par les points de contact du corps du sujet avec le métal de la baignoire. Il suffit d'ajouter à l'eau cinq kilogs de sel pour obtenir un courant relativement intense de 40 à 50 m. a. Si, comme nous l'avons observé dans notre précédent travail, le bain d'eaux-mères *seules* augmente l'intensité du courant, le bain mixte d'eau salée mélangée d'eaux-mères diminue cette intensité. L'addition d'eaux-mères ne paraît avoir que peu d'influence sur la résistance électrique.

De ces observations auxquelles je me propose d'en ajouter d'autres, je puis déjà tirer quelques conclusions.

Au point de vue électrique, je pense qu'il faut admettre deux actions différentes quant à l'intensité.

Le courant électrique des bains salés minéraux, dans les baignoires isolantes varie de 2 à 6 m. a., et peut aller dans les baignoires métalliques jusqu'à 50 m. a. ; ce courant agit exclusivement sur la peau. Au contraire, le courant qui traverse le sujet dans les deux cas, ne varie guère qu'entre 0 m. a. 5 et 1 m. a. La résistance des sujets plongés dans l'eau, dans les deux cas, varie entre 400 et 1200 ohms. Mais la tension du bain salin minéral paraît plus forte que celle d'un bain salé artificiel dans une baignoire métallique.

Dans les considérations qui suivent, je ne m'occuperai d'abord que des courants qui traversent le sujet, et je vais examiner ce qui a trait à l'intensité, la force électro-motrice, la quantité, l'énergie ; et à ce propos dans un chapitre spécial sur la résistance, je développerai mes idées sur l'action des courants agissant plus spécialement sur le revêtement cutané. Dans ces considérations, je m'occuperai seulement des bains salins minéraux de l'établissement de Biarritz.

BAINS SALINS MINÉRAUX.

INTENSITÉ.

De nos nouvelles expériences, nous pouvons conclure que l'intensité du courant des bains salins qui traverse le baigneur varie entre un demi et un milliampère, et que celle du bain lui-même, débute par 4 à 5 milliampères. Peu à peu l'intensité diminue dans le bain jusqu'à 3 et 2 m. a., pour atteindre un minimum fixe. Nous pensons attribuer cette diminution à deux causes principales :

1° Aux pertes qui se font autour de la baignoire, que nous avons démontrées dans notre précédent travail.

2° A la polarisation des électrodes.

Quelquefois, surtout le matin, l'intensité est un peu plus forte dans le bain. A ce sujet nous avons fait l'expérience suivante. Dans la cabine où le sujet de l'observation n° 1 prenait ses bains le soir à 5 heures, nous avons rempli la baignoire en fonte émaillée, d'eau saturée à 24°. Nous laissons séjourner cette eau jusqu'au lendemain matin dix heures. A dix heures du matin, nous mesurons cette intensité dans la baignoire sans baigneur. D'abord, nous constatons de nombreuses bulles de gaz déposées sur les parois de la baignoire dont l'eau est naturellement froide. En mettant un pôle au robinet et l'autre dans l'eau du bain, la déviation galvanométrique va à 0 m. a., puis se fixe à 4 m. a. En tirant la ficelle pour vider un peu d'eau, l'aiguille dévie à 35 milliampères.

Je vide la baignoire de l'eau qui a séjourné la nuit et je la remplis à nouveau avec de l'eau salée saturée 24°. Aussitôt l'aiguille dévie à 0 m. a., et se fixe à 5 m. a. En tirant ensuite la ficelle pour vider un peu d'eau, la déviation va à 40 m. a. Cette expérience prouve que l'intensité du courant

**

est plus forte le matin que le soir, car le soir dans la même baignoire elle n'a atteint que 5 m. a., ensuite que l'eau qui a séjourné la nuit dans la baignoire, a perdu environ un tiers de son électricité.

D'une façon générale les courants que nous avons observés sont faibles, mais considérablement plus forts que ceux que Guyenot, par exemple, à trouvés dans les eaux peu minéralisées d'Aix-les-Bains, et qui ne se chiffrent que par microampères, c'est-à-dire par millionièmes d'ampère. Au contraire les intensités de 0 m. a. 5 à 1 m. a., qui traversent le baigneur, sont déjà des courants à doses thérapeutiques. Ainsi pour l'électrisation du cerveau, on ne dépasse pas 2 m. a., pendant deux minutes. Certains auteurs ont d'ailleurs employé systématiquement des courants continus de cette intensité. Ainsi Sperling(1) n'emploie que des courants ne dépassant pas 1 m. a., 5. En effet, si l'on dépasse les faibles intensités, les courants continus provoquent pendant les interruptions des secousses musculaires, ou, près de la tête, des phénomènes d'excitation des organes des sens (phosphènes).

Les courants plus intenses déterminent au niveau des pôles des eschares ou des phénomènes d'électrolyse chimique. L'énergie électrique se transforme alors en d'autres forces, chaleur ou mouvement. Il semble donc que pour obtenir les effets thérapeutiques de l'électricité elle-même sans immixtion d'autres actions dynamiques, il faut utiliser des courants de faible intensité ; ce qui ne veut pas dire que les transformations de l'agent électrique en d'autres forces, chaleur ou lumière, comme dans les applications de l'électrolyse, de la galvanocaustie, ne peuvent avoir également leur intérêt thérapeutique spécial. L'efficacité des doses faibles d'électricité s'explique par la facilité avec laquelle on peut sans inconvénient prolonger leur durée. La durée, autrement dit la quantité d'électricité, compense alors la faiblesse de l'intensité.

QUANTITÉ D'ÉLECTRICITÉ DES BAINS SALINS.

« L'étude des quantités a été négligée jusqu'ici dans les « considérations médicales », dit le docteur Larat avec raison dans son *Electrothérapie* (page 02).

(1) Voir Lecercle, page 113, 1re partie.

Pour cette étude on peut se servir de deux méthodes différentes.

1° En multipliant l'intensité par la durée d'application exprimée en secondes, on évalue la quantité en coulombs, d'après la formule : Q = I t. Q = quantité ; I = intensité ; t = secondes.

Mais pour que cette évaluation soit juste il faut que le courant soit constant pendant toute la durée. Or nous avons vu que pendant les premières minutes du bain l'intensité diminue jusqu'à un minimum fixe ; de sorte que pour une durée du bain de vingt minutes le courant est constant pendant un quart d'heure. Si donc, nous notons l'intensité minima, et la multiplions par le temps, nous arrivons plutôt à une évaluation moindre de la quantité. — Cette question nous paraît importante à considérer, car c'est elle qui a trait à la durée du bain. Les médecins hydrologues ont remarqué depuis longtemps, et nous avons pu l'observer maintes fois dans notre pratique balnéaire, combien il est important de fixer la durée du bain. Tel malade qui se trouve très bien d'un bain de vingt minutes supporte mal un bain de demi-heure. La durée du bain est aussi importante à préciser que la concentration ; et c'est souvent en tâtant la susceptibilité du malade qu'on peut y arriver.

Or en se plaçant au point de vue électrique, si la concentration du bain est fonction de l'intensité la durée est fonction de la quantité. — Voyons donc, en appliquant la formule précédente, la quantité électrique qui traverse le sujet dans le cas le plus ordinaire qui s'est présenté dans nos conditions expérimentales. Je suppose une intensité de 0 m. a., 7 dans un bain d'une demi-heure de durée ; en appliquant la formule Q = It ; soit t = une demi-heure = 1800 secondes soit I exprimé en *ampères* = 0 amp. 0007.

La formule deviendra Q = 0 amp., 0007 × 1800 = 1,26 coulombs. Or nous savons qu'un coulomb représente l'action chimique et par suite la quantité d'électricité que produit 1 *ampère* en une seconde ; en d'autres termes le bain salin d'une demi-heure produit une action chimique supérieure d'un quart à celle que produit un ampère en une seconde.

2° On peut encore évaluer la quantité d'électricité à l'aide du voltamètre pour mesurer l'action chimique totale, mais il m'a semblé peu pratique pour les faibles tensions.

L'énergie électrique qui est représentée par cette quantité, et que nous calculerons bientôt, nous paraît susceptible d'amener des modifications appréciables dans les actes intimes de la nutrition, dont les analyses d'urine du professeur Robin nous ont démontré la nature et dont la clinique constate les résultats.

Si l'on calcule, par la même méthode, la quantité d'électricité que produit un bain salin saturé dont le courant ne traverse pas le baigneur, nous trouvons que ce bain débite avec une intensité de 3 m.a en une demi-heure une quantité électrique égale à 5 coulombs, 4, c'est-à-dire une quantité cinq fois et demi plus grande qu'un ampère en une seconde.

Cette action lente de l'énergie électrique a d'ailleurs été mise en évidence par Berthelot dans les combinaisons chimiques.

L'expérience ayant prouvé que la durée normale d'un bain salin bien toléré est de 20 à 25 minutes, en tenant compte de la concentration d'autre part, on peut dire que la quantité d'électricité que supporte le sujet dans un bain salin normal doit varier entre un demi et un coulomb.

Que penser, après cela, de l'opinion de médecins autorisés comme Leichtenstern (1) et Waegelé que, tout en reconnaissant la réalité des petites quantités d'électricité dans les eaux minérales, ne veulent pas leur attribuer de grande signification ; car, pensent-ils, ces courants ne seraient pas plus forts que ceux que cause le frottement des vagues, ou des vêtements sur la peau ; ce genre de courants d'ailleurs n'influencerait pas le galvanomètre.

FORCE ÉLECTROMOTRICE.

Connaissant la résistance du sujet dans le bain = R, et en ne tenant pas compte des autres résistances négligeables, connaissant d'autre part l'intensité I, il est facile de calculer la force électromotrice E d'après la formule :

$$E = R\,I.$$

(1) *Algemeine Balneotherapie*, in *Ziemsen's Handbuch, der Algem. Therapie*, p. 277.

Si, comme nous l'avons observé souvent, nous faisons R = 500 ohms et I = 0 ampères, 0006, nous avons :

$$500 \times 0,0006 = 0,30 \text{ volt}$$

Ainsi le courant qui dans un bain salin traverse le sujet avec une intensité de 6 dix-milliampères sous une résistance de 500 ohms a une force électromotrice de 3 dixièmes de volt. Ce courant si faible est encore supérieur aux courants musculaires et nerveux. En effet, pour Dubois-Raymond, les courants musculaires sont de 0,035 à 0,075 centièmes de volt, les courants nerveux de 0,02 centièmes de volt.

Ces courants des bains salins sont évidemment faibles quand on songe que sur le tabouret des machines électrostatiques, un sujet peut supporter des potentiels de 48.600 volts qui représentent la tension d'une machine fournissant des étincelles de 1 centimètre (Chappuis et Berger).

D'autre part, la pile de Daniell possède une force électromotrice d'environ 1 volt.

Mais ce qu'il y a de particulier et ce qu'ont prouvé aussi les travaux de d'Arsonval, sur les courants sinusoïdaux, c'est que ces hautes tensions n'agissent que sur la surface cutanée, et n'ont pas le temps d'impressionner les organes plus profonds qui échappent plus ou moins à leur influence ; au contraire, le courant galvanique des piles, comme celui des bains salins, ont une action plus lente, mais plus profonde, sur la nutrition intime des tissus.

ÉNERGIE ÉLECTRIQUE.

Nous tacherons de nous rendre compte approximativement de l'énergie développée dans un bain salin. L'énergie électrique est une force qui, comme le dit le professeur Gariel, peut se transformer dans l'économie en énergie chimique, thermique et thérapeutique.

S'il est un point où les médecins sont d'accord, c'est sur l'action fortifiante, remontante des bains salins et leur efficacité chez les anémiques et les convalescents. Il n'est pas difficile, avec les données que nous possédons, de calculer la valeur de cette force nouvelle qui pénètre l'organisme. Il suffit pour cela d'appliquer la formule :

$$W = I^2R \text{ (1)}$$

Dans cette formule W = watt, soit l'unité d'énergie pendant une seconde, I = l'intensité et R = la résistance.

Je suppose, comme je l'ai observé souvent dans un bain entier, que l'intensité soit de 0 amp., 0006 et la résistance du sujet de 500 ohms ; en ne tenant pas compte des autres résistances négligeables, on a :

$$W = 0{,}0006^2 \times 500 = 0{,}00015$$

La durée du bain étant supposée d'une demi-heure, c'est-à-dire de 1800 secondes, on a :

$$0{,}00015 \times 1800 = 0{,}27$$

Ce chiffre de 0,27 représente en joule la quantité d'énergie pendant ce temps.

En divisant 0,27 par 10, ce qui fait, 0,027, ce chiffre de 0,027 représente en kilogrammètres, la force correspondante à l'énergie d'un bain salin entier chez un adulte de résistance moyenne. En d'autres termes, un bain salin d'une demi-heure produit une force capable d'effectuer un travail de 0,027, soit vingt-sept centièmes de kilogrammètre. Cet effet physique immédiat d'accroissement de force est souvent ressenti par certains malades dès le premier bain. Or, les modifications nutritives, dont les analyses d'urines révèlent la nature n'ont pas encore eu le temps de se produire. J'en conclus que le bain salin fournit un apport direct de force physique par un mécanisme tout différent de la production des forces qui naissent dans l'intimité de nos organes, par le fait des combustions organiques, et par la transformation et l'assimilation des substances alimentaires. Il est probable que dans les bains salins l'électricité n'agit pas seule de cette façon, mais que la température du bain y a une certaine part. Le bain salin constitue donc un agent de la médication dynamophore, pour employer l'expression de Gubler, et peut-être aussi possède une action d'épargne consécutive, comme le prouvent les recherches du professeur Robin.

On comprend aussi que l'organisme malade peut utiliser

(1) Voir : Technique d'électrophysiologie, par G. Weiss, page 18.

cette force nouvelle pour la réparation des dommages qu'il a subis.

RÉSISTANCE ÉLECTRIQUE.

Cette question difficile est encore entourée d'obscurité On peut s'en convaincre en lisant la thèse du Dr Castex : « De la résistance électrique des tissus et du corps humain à l'état normal et pathologique. Montpellier, 1891. » On s'aperçoit alors que la résistance électrique du corps humain est variable suivant les sujets, variable chez le même sujet, à différents moments.

En effet, mesurer la résistance électrique d'un corps inorganique est chose facile, mais quand il s'agit d'un être vivant, qui est le siège de transformations et de modifications incessantes, on arrive à des résultats qui diffèrent dans des proportions énormes. Pendant que Remak trouve pour la résistance totale du corps de 1.000 à 5.000 unités Siemens, Weber lui en attribue 900.000 (1).

La résistance varie encore, suivant les divers points du corps où on applique les électrodes ; elle varie avec le nombre des éléments de piles, avec la durée d'application du courant, avec la nature du liquide qui imprègne l'électrode, sa température et avec la dimension des électrodes. Les recherches de Stinzing et Groeber ont montré que de faibles courants galvaniques de 0 m. a., 5 (qui sont justement ceux de nos bains salins) produisent dans les premières minutes une diminution rapide de la résistance, qui demeure ensuite sensiblement constante. La polarisation des électrodes fait varier aussi la résistance. Eckardt a mesuré la résistance spécifique des tissus et a reconnu que la résistance des os est environ vingt fois plus grande que celle des muscles.

La résistance des tissus tendineux et fibreux est intermédiaire.

Mais la résistance la plus considérable est celle de l'épiderme (500 fois celle du muscle), de sorte que, pratiquement, l'on peut dire que la résistance du corps humain est celle des deux couches épidermiques que le courant doit traverser pour se porter d'un électrode à l'autre. — Pour le docteur

(1) Voir Lecercle : Traité d'Électrothérapie, page 226, 2e partie.

Larat, dans les applications usuelles, la résistance du corps varie de 800 à 2.500 ohms. D'après Foveau de Courmelles, la résistance des muqueuses, plus faible, est de 50 à 500 ohms, quand l'un des pôles est placé en pôle perdu (ce qui est le cas dans nos expériences.)

En raison de la différence de conductibilité et de résistance des divers tissus, des courants dérivés peuvent déterminer des actions à distance, comme par exemple des phosphènes dans l'application d'un électrode dans la région dorsale des vertèbres.

La résistance peut encore être modifiée par la réaction vitale de l'organisme lui-même, considéré comme un électromoteur secondaire (Larat) ou, selon nous, comme un accumulateur de capacité électrique fixe. « Il doit se passer dans l'intimité des tissus des phénomènes bien complexes, soit comme osmose, soit comme décomposition chimique, sous l'influence du passage du courant, *même après qu'il a cessé d'agir*.

Quelles sont les modifications des tissus ?.....

Quelle peut en être la valeur pour la thérapeutique ?

Ce sont là des questions à résoudre, dont le premier mot n'a même pas été prononcé. » (Castex. Loc. cit.)

Quoi qu'il en soit, l'épiderme étant l'obstacle le plus important au passage de l'électricité, on a constaté que tous les causes qui rendent la peau plus humide, ou qui la congestionnent, diminuent aussi sa résistance. Il est évident dès lors que les plaies comme celles d'un vésicatoire, les fistules, et toutes les brèches cutanées ou muqueuses ont la même action. On a remarqué, par exemple, que l'application d'un sinapisme, l'inhalation de nitrite d'amyle, la transpiration provoquée par la pilocarpine, ou par l'antipyrine, diminuent la résistance électrique. (Jolly.)

On possède quelques rares données sur les modifications de la résistance dans les états pathologiques.

Les travaux du Dr Vigouroux (1870) ont montré d'abord que chez les hystériques la résistance est notablement augmentée, et que chez les hystériques hémianesthésiques, la résistance est plus grande du côté sain que du côté malade. C'est dans la maladie de Basedow que Vigouroux a trouvé la diminution la plus notable de la résistance.

Il explique même par là l'intolérance des exophtalmiques pour la franklinisation si bien tolérée au contraire par les hystériques. Silva et Pescarolo ont trouvé dans les fièvres continues et éruptives, malgré la congestion des tissus cutanés, une augmentation de la résistance.

Telles sont les principales connaissances que l'on possède sur la résistance électrique chez l'homme.

En quoi diffèrent les quelques résultats, que nous avons observés, dans nos expériences sur les bains salins. Et d'abord, comme source électrique en guise de pile, nous avons utilisé les courants propres des bains. Un premier point important à noter, c'est que ces courants suffisent à vaincre la résistance du corps. Il résulte, en outre, des faits que la résistance dans les bains salins est en général moindre que celle signalée dans les autres méthodes. La résistance dans nos bains est en moyenne chez l'adulte de 4 à 500 ohms.

Cette faiblesse de la résistance nous paraît tenir d'abord à l'imbition de la plus grande surface de l'épiderme par une solution saline assez bonne conductrice ; de plus, nous pensons que le courant doit traverser, dans le bain, les muqueuses ano-génitales moins résistantes que la peau. Nous avons trouvé une résistance de 1.000 ohms chez un enfant, ce qu'on peut expliquer par le fait qu'il offre une surface moindre au passage du courant. Eulenburg a observé aussi une plus grande résistance chez la femme et l'enfant. Est-ce à cette particularité que les enfants doivent leur tolérance plus parfaite des bains salins, notée par la plupart des médecins ? On pourrait rechercher à l'aide d'observations plus nombreuses de résistance, chez les différents sujets, et dans les divers états pathologiques, si les différences de susceptibilité et de tolérance pour les bains tiennent aux variations de la résistance électrique, ou seulement à la sensibilité. En tout cas l'expérience clinique a démontré que les bains salins sont contre-indiqués dans les affections cardiaques et chez les sujets disposés aux poussées congestives. Or, nous savons que chez ces malades les troubles de la circulation cutanée ont pour effet de diminuer la résistance électrique.

Mais nous ferons remarquer que cette question est

plus complexe qu'elle ne semble au premier abord. En effet, nous savons positivement, par les expériences de Santlus (1), que la sensibilité générale et tactile est augmentée par les bains salins. Cet effet de contact peut être produit en partie par l'action du courant sur la peau elle-même. Or nous avons vu que chez les hémianesthésiques la résistance est plus forte du côté sensible. L'excitation directe de la peau peut donc produire d'une façon réflexe une excitation du système nerveux, lors même que la résistance électrique aurait une valeur plus grande.

L'examen de la résistance électrique dans les bains pourrait amener de nouvelles indications thérapeutiques. Rappelons ici les conclusions du professeur Robin après ses mémorables recherches sur les modifications de la nutrition par les bains salins.

« A coté des indications laborieusement édifiées par la clinique, la chimie de la nutrition peut créer, pour ainsi dire à priori, une voie nouvelle et féconde qui ouvre à la médecine des horizons inattendus. »

Ces paroles pourraient s'appliquer peut-être aussi à l'étude physique des bains salins. Du rapprochement entre la clinique thermale et de l'électrothérapie pourraient surgir des éclaircissements dont ces deux sciences, encore dans les langes de l'empirisme, ont besoin à un égal degré.

Spécificité d'action des bains au quart, de moitié, entiers.

Il nous a semblé que la résistance électrique pouvait rendre compte jusqu'à un certain point de la singulière spécificité des bains salins aux divers degrés de concentration. Cette spécificité reconnue par les cliniciens a reçu une éclatante confirmation par les travaux de Robin.

Je ne veux retenir des conclusions de Robin que les plus saillantes.

Et d'abord, pour lui, le bain de moitié, par la grande élimination d'acide urique qu'il occasionne, serait le plus

(1) De l'influence des bains chlorurés sodiques sur la sensibilité de la peau. (*Dissertat. inaugurale.* Marburg 1872).

avantageux dans les affections des tissus conjonctifs et fibreux, en un mot, des tissus collagènes, dans les lésions scrofuleuses et articulaires chroniques. — Le bain pur sel, en diminuant la désassimilation des organes riches en phosphore, convient surtout aux malades « atteints d'affections osseuses, aux déchéances nerveuses, aux rachitiques, aux névrosés, à certains anémiques. »

Dans notre théorie électrique, on peut s'expliquer jusqu'à un certain point ces particularités. Ainsi, il est certain que, une fois vaincue la résistance de l'épiderme qui est la plus considérable, l'électricité traverse les autres tissus, en raison directe de leur résistance spécifique. En représentant cette résistance par des chiffres, celle du muscle étant prise pour unité, Ekhardt a trouvé pour les tendons de 1,8 à 2,5 ; pour les nerfs de 1,6 à 2,4 ; pour les cartilages de 1,8 à 2,3 ; pour les os de 16 à 22. Quant à la résistance du cerveau et de la moelle, elle est sans doute, selon nous, solidaire de celle de leurs enveloppes osseuses.

Dans cet ordre d'idées, le bain au quart suffirait pour agir sur les organes les plus conductibles, par suite les moins résistants, comme les muscles, le sang, la lymphe, et en général les tissus les plus riches en eau.

Pour agir sur des tissus plus résistants, les tendons, les cartilages, en un mot les tissus collagènes, les bains de moitié, d'une intensité un peu plus forte, sont nécessaires.

Pour agir plus profondément sur les affections osseuses et nerveuses, il faut utiliser le bain pur sel, c'est-à-dire le maximum de concentration. On pourrait s'expliquer aussi les effets consécutifs de la cure thermo-saline par l'impulsion générale que la nutrition a subie sous son influence ; et au point de vue électrique par la persistance dans les tissus des effets de leur polarisation.

PARALLÈLE ENTRE LES EFFETS DES BAINS SALINS, ET DE L'ÉLECTRISATION GENERALISEE

Effets physiologiques. — « Dans un assez grand nombre de cas, le traitement électrique a pour but, non plus d'agir sur telle ou telle région limitée du corps, mais de produire une modification de l'innervation et de la nutrition générale. » (Leçons de thérapeutique du professeur Hayem. — Les agents physiques et naturels, p. 382.)

L'électricité est employée dans ce but sous forme de bains galvaniques, faradiques ou électrostatiques. Le bain salin en tant que générateur d'éléctricité peut être comparé dans ses effets surtout au bain galvanique.

Ce genre de bains galvaniques a été l'objet de recherches de la part de Stein, Erb, Eulenburg. Ce dernier à noté pendant ce bain, la diminution de fréquence du pouls, de 10 à 30 pulsations, et l'abaissement du chiffre des respirations.

Comme effets consécutifs, ces auteurs ont noté « une amélioration du sommeil, le retour rapide et persistant de l'appétit, surtout dans la dyspepsie, la régularisation des fonctions intestinales, et par suite une augmentation du poids corporel ». (Hayem, loc. cit., p. 391.)

Si l'on compare le bain salin au bain électrostatique simple, on trouve aussi quelques points de rapprochement. En effet, malgré sa haute tension, le bain statique dont l'action se porte surtout sur la périphérie du corps, impressionne plus faiblement les organes internes. Pour le docteur Larat, une séance de bain statique, sans commotion ni étincelle, de 10 à 15 minutes est suivi d'un léger degré de lassitude, et le sommeil de la nuit suivante est plus calme et plus profond. Si la durée atteint une demi-heure, on observe de l'excitation nerveuse et de l'agitation, dans le sommeil de la nuit suivante. « Le plus souvent le bain statique provoque un sentiment de calme et de bien-être. Cet apaisement se traduit quelquefois par un besoin irrésistible de dormir. » (Voir Lecercle, p. 100, II.)

Le courant galvanique détermine les mêmes effets. Déjà un courant de 2 à 3 milliampères, durant 2 minutes sur le cerveau provoque le sommeil.

Ces effets des bains électriques sont en tous points comparables à ceux de nos bains salins. Dans ces derniers, on observe aussi une diminution du pouls et des mouvements respiratoires.

Leurs effets calmants ou excitants dépendent aussi de la dose, c'est-à-dire, dans l'espèce, de la concentration et surtout de la durée des bains. Jusqu'à cette envie irrésistible de dormir qu'on observe si souvent immédiatement après le bain, et qui survenait régulièrement chez une jeune fille très anémique que nous avons soignée cet hiver. Nous retrouvons donc parmi les effets des bains salins cette action, très spéciale selon nous, de l'électricité sur la fonction du sommeil, et qui se manifeste aussi chez beaucoup de personnes, notamment chez nous-mêmes à l'approche d'un orage (1). Aussi, on peut dire qu'un sommeil plus calme est le meilleur indice pour la tolérance de l'électrisation généralisée, ou pour celle des bains salins.

Quant aux effets de l'électrisation générale sur la nutrition, ils sont beaucoup moins connus que ceux des bains salins depuis les travaux de Robin. Toutefois, le docteur d'Arsonval a signalé, sous l'influence du bain statique, l'augmentation des combustions respiratoires. Larat a vu augmenter la quantité d'urée. Damian a observé que le bain statique positif avait seul cette propriété.

Effets thérapeutiques. — « Creuznach et Salies, a dit le professeur Hayem, exercent une action favorable et encore mal expliquée sur les fibromes utérins ou périutérins accompagnés ou non de métrorrhagies. » Il en est certainement de même de Biarritz. Cet effet reçoit une explication assez plausible si l'on tient compte des phénomènes électriques des bains.

On sait, en effet, que le courant galvanique est employé avec grand succès dans le traitement des fibromes. Mais ici, il faut distinguer les modes d'application.

Dans la méthode des fortes intensités, l'électrode utérine agit en cautérisant plus ou moins les muqueuses, et l'on utilise surtout l'action électrolytique. L'autre méthode de traitement des fibromes par les intensités faibles à travers les parois du ventre, ou en appliquant un électrode sur le col dont on évite la cautérisation, est seule comparable dans son action à celle des bains salins. Cette méthode, qui a donné d'excellents résultats à Aimé Martin et à Chéron,

(1) Voir : Du climat marin, Biarritz, bain de mer et ville d'hiver, 1891, par le docteur Elevy.

donne la preuve de l'action en quelque sorte spécifique des courants sur les fibromes utérins.

Cette action s'explique d'ailleurs par l'affinité particulière de la fibre lisse pour l'excitation galvanique.

Action électrolytique. — Si, sur la peau intacte si résistante, les courants galvaniques ne déterminent d'effets caustiques comme des eschares qu'à partir d'une certaine intensité, il n'en est plus de même s'il existe une lésion même légère de la peau. Une électrode appliquée en ce point produit rapidement une sensation de brûlure. Il est certain que s'il existe des fistules d'origine osseuse ou glanglionnaire ou articulaire, les courants, même faibles, des bains rencontrant une moindre résistance s'y porteront avec toute leur intensité primitive et pourront déterminer des cautérisations légères de ces trajets qui se ferment et guérissent généralement vite.

Cet effet caustique pourra s'observer aussi dans les lésions des muqueuses, par exemple dans les érosions du col, les granulations, les endométrites.

L'effet électrolytique du courant permet de pénétrer le mode d'action des bains salins dans ces différentes affections qui comptent parmi les principales indications de la médication thermo-saline.

QUELQUES CONCLUSIONS

Si dans un certain nombre d'affections où les bains salins font merveille leur électricité paraît avoir une action prépondérante, il en est d'autres où le rôle de cet agent physique est moins compréhensible. Ainsi, comment saisir le rapport de cause à effet entre l'action en quelque sorte spécifique des bains salins dans certains états diathésiques comme la scrofulose et la tuberculose locale ?

A moins d'admettre un effet bactéricide des courants à faible intensité, ce qui n'est pas encore démontré, et, que MM. Charrin et d'Arsonval ont reconnu seulement aux courants sinusoïdaux à haute tension, il faut en conclure qu'il serait téméraire de tout rapporter, dans les effets des bains salins, à la seule force électrique, et que d'autres actions interviennent.

Ces actions sont d'ordre physique et physiologique. Nous nous rangeons à la théorie de Braun et Beneke sur *l'action de contact* des eaux chlorurées sodiques, à la condition qu'on tienne compte de leurs propriétés électriques comme agent de renforcement de cette action. L'excitation spécifique que produisent les bains salins s'ajoutant à l'excitation électrique, provoque dans les centres nerveux des réflexes qui modifient l'ensemble de la nutrition. Un bain salin artificiel de même qu'un bain galvanique peuvent avoir chacun quelque activité utilisable en thérapeutique ; mais, leur action différera totalement d'un bain d'eau chlorurée sodique naturelle qui constitue la base de la médication thermo-saline. Nous concluons donc qu'au point de vue clinique, cette médication a des résultats et des indications toute particulières.

Le but de notre travail a été de démontrer le rôle que joue l'agent électrique dans l'ensemble de cette médication.

Quant à l'effet des eaux-mères, qui ont le rôle d'agent modérateur, l'électricité seule ne rend pas non plus compte de cette action. En effet, de quelques expériences que nous avons faites sur les eaux-mères, nous pouvons conclure que le fait paradoxal en apparence de l'augmentation de l'intensité par les eaux-mères signalé par nous, tient seulement à leur plus grande densité.

En effet, à densité égale d'eau minérale saline et d'eau-mère, l'intensité du courant est plutôt un peu moindre pour les eaux-mères.

Pourtant, la différence ne nous paraît pas assez sensible pour attribuer à cette seule cause l'action calmante si remarquable des eaux-mères dans leur mélange avec l'eau saline.

Les eaux-mères, comme on sait, sont très riches en bromures, qui, tout en n'étant pas absorbés dans le bain, peuvent toutefois modérer directement l'exaltation de la sensibilité cutanée, que Santlus a constatée dans les bains minéraux chlorurés sodiques.

En diminuant sans doute cette sensibilité comme feraient les lotions salicylées, les eaux-mères affaiblissent à son point de départ l'acte réflexe qui suscite la réaction des centres nerveux.

En somme, dans les bains salins, l'intolérance est extrêmement rare ; les phénomènes d'excitation nerveuse, rares eux-mêmes, peuvent être prévenus à coup sûr par les pratiques balnéaires usuelles qui diminuent l'excitabilité cutanée, comme l'addition d'eaux-mères, d'amidon, de gélatine. Au point de vue théorique, je proposerai aussi l'usage de la glycérine qui est une des substances qui augmente le plus la résistance électrique.

En combinant habilement ces mélanges avec la concentration et la durée, on obtiendra des bains salins le maximum d'effet utile dans les différents états pathologiques où ils sont indiqués.

Clermont (Oise). — Imprimerie Daix frères, place St-André, 3.

A LA MÊME LIBRAIRIE

Archives générales d'Hydrologie, de Climatologie et de Balnéothérapie, publiées sous la direction scientifique de MM. Dumontpallier, Lécorché et Labadie-Lagrave. Paraissant une fois par mois. Rédacteur en chef: Dr Paul Rodet.

Constantin Paul et Paul Rodet. — **Des Eaux de table**, in-18, 300 pages 1892 .... 5 fr.

Constantin Paul et Paul Rodet. — **Traitement hydrothérapique thermal et climatique de la scrofule et du lymphatisme**, in-18. (Bibliothèque Charcot-Debove) .... 3 fr. 50

Rodet (Paul). — **Le Morphinisme et la Morphinomanie**, 1 vol. in-18, F. Alcan, 1896 .... 4 fr.

Rodet (Paul). — **Traitement hydrologique du diabète sucré.** (*Ouvrage couronné par l'Académie.* — Prix Capuron), in-8° .... 3 fr.

Rodet (Paul). — **Traité de la goutte**, par Dyce Duckworth, traduction française, in-8°, 500 pages .... 10 fr.

Rodet (Paul). — **Traité des maladies du foie**, par G. Harley, in-8° traduction française, 300 pages .... 16 fr.

Rodet (Paul). — **Hydrologie historique.** — Les médecins a Pougues aux xve, xvie et xviie siècles avec des notes biographiques et des fac-simile de leurs œuvres, tirages sur papier de Hollande et sur papier du Japon, in-8°, 150 pages. (*Ouvrage récompensé par l'Académie de médecine*), 2 vol. chaque .... 5 fr.

Rodet (Paul). — **Des climats et des stations climatiques**, par le Dr Hermann-Weber, médecin des hôpitaux de Londres, traduction française .... 5 fr.

Rodet (Paul). — **Bactériologie des Eaux minérales**, in-8° (*Ouvrage récompensé par l'Académie de Médecine.* Médaille d'Or) .... 3 fr.

Lavielle. — **Les stations de boues minérales d'Europe** (*Mémoire récompensé par l'Académie*) .... 5 fr.

Lavielle. — **Les stations d'eaux chlorurées sodiques d'Europe et d'Algérie**, in-8°, 240 pages. (*Récompensé par l'Académie*) .... 5 fr.

Bourgarel. — **De l'emploi des eaux sulfurées dans les maladies des voies respiratoires, au point de vue des contre-indications.** (*Récompensé par l'Académie de médecine.* Médaille d'Or). In-8° 40 pages. Paris, 1892 .... 3 fr.

Matton. — **Etude sur Maizières** (*Rapport adressé à l'Académie à la suite de sa mission*). In-8° .... 2 fr.

Chauvet. — **Du traitement du diabète par les Eaux de Royat.** (*Récompensé par l'Académie de médecine*) .... 2 fr.

Chauvet. — **Traitement de la goutte à Royat** (*Récompensé par l'Académie.* Médaille d'Argent) .... 1 fr.

Francken (W.). — **Menton médical et pittoresque**, in-18, cart. 2 fr. 50

Bouyer. — **Traitement des surdités catarrhales à Cauterets** (*Récompensé par l'Académie.* Médaille d'Or). In-8° .... 1 fr.

Gresset. — **Des eaux minérales de Miers** (*Carlsbad français*), leurs indications et leurs contre-indications .... 3 fr.

Delastre. — **Les Albuminuriques aux eaux de Brides-Salins** (*Mémoire récompensé par l'Académie de médecine.* Médaille d'Argent, 1894). 2 fr.

Elevy. — **Recherches sur les phénomènes électriques des bains en général et en particulier des bains d'eau chlorurée sodique forte de Briscous-Biarritz.** (*Mémoire récompensé par l'Académie de médecine.*)

Clermont. — Imp. Daix frères, 3, place St-André.

www.ingramcontent.com/pod-product-compliance
Ingram Content Group UK Ltd.
Pitfield, Milton Keynes, MK11 3LW, UK
UKHW020458230726
13925UKWH00005B/2009